Sitzungsberichte der Heidelberger Akademie der Wissenschaften

Stiftung Heinrich Lanz

Mathematisch-naturwissenschaftliche Klasse

*) *Jahrgang* 1921 *erschien im Verlage von Carl Winters Universitätsbuchhandlung in Heidelberg.*

Im Verlag von Walter de Gruyter & Co. vormals G. J. Göschen'sche Verlagshandlung — J. Guttentag, Verlagsbuchhandlung — Georg Reimer — Karl J. Trübner — Veit & Comp., Berlin, erschienen:

Abteilung A. Mathematisch-physikalische Wissenschaften.

Jahrg. 1922: 3 Hefte. — Jahrg. 1923: 5 Hefte. — Jahrg. 1924: 11 Hefte.

Abteilung B. Biologische Wissenschaften.

Jahrgang 1923: 1 Heft.

Von Jahrgang 1925 *ab findet die Trennung in Abteilung A und B nicht mehr statt.*

Vom Jahrgang 1925 sind 15 Hefte, vom Jahrgang 1926 13 Hefte erschienen. Verzeichnisse auf Wunsch.

Jahrgang 1927. 1. LOEWY, ALFRED. Neue elementare Begründung und Erweiterung der Galoisschen Theorie. Reichsmark 1.60
2. LIEBMANN, HEINRICH. Rhombische Geradennetze im Raum. Reichsmark 1.—
3. VOLK, OTTO. Über geodätische Dreiecknetze auf Flächen konstanten Krümmungsmaßes. Reichsmark 1.80
4. PÜTTER. A. Chemische Reizwirkung und Giftwirkung. Mit einem mathematischen Anhang: Ein Diffusionsproblem von E. TREFFTZ. Reichsmark 2.40
5. REMBS, EDUARD. Die Verbiegung des verlängerten Rotationsellipsoids. Reichsmark 1.60
6. MAYER, ADOLF. Naturwissenschaftliche Ästhetik. Reichsmark 0.90
7. MAYER, ADOLF. Naturwissenschaftliche Volkswirtschaftslehre. Reichsm. 0.80
8. BAER, R., KAPFERER, H., KRULL, W., SCHMIDT, F. K. Beiträge zur Algebra. Nr. 5—10. Reichsmark 6.20
9. MÜLLER, MAX. Über die Eindeutigkeit der Integrale eines Systems gewöhnlicher Differentialgleichungen und die Konvergenz einer Gattung von Verfahren zur Approximation dieser Integrale. Reichsmark 2.50
10. FREUDENBERG, KARL. Intramolekulare Umlagerung optisch-aktiver Systeme. Reichsmark 1.—
11. ROESER, ERNST. Abbildung der hyperbolischen Ebene auf die Kugel mittels der Beziehung zwischen Lot und Parallelwinkel. Reichsmark 1.—
12. RÜGER, L. Die direkte gebirgsgetreue Übertragung der auf dem Universaldrehtisch gewonnenen Messungsergebnisse gebirgsorientierter Schliffe in das Diagramm. Reichsmark 1.20
13. JOST, L. Elektrische Potentialdifferenzen an der Einzelzelle. Reichsmark 1.90

Jahrgang 1928. 1. RÜGER, L. Einige Bemerkungen zur Darstellung tektonischer Elemente, insbesondere von Klüften und Harnischen. Reichsm. 1.20
2. HERBST, CURT. Untersuchungen zur Bestimmung des Geschlechts. Ein neuer Weg zur Lösung des Geschlechtsbestimmungsproblems bei Bonellia viridis. Reichsmark 1.50
3. MERTON, HUGO. Untersuchungen über die Entstehung amöbenähnlicher Zellen aus absterbenden Infusorien. Reichsmark 2.20
4. BAER, REINHOLD. Zur Einordnung der Theorie der Mischgruppen in die Gruppentheorie. Reichsmark 2.20

(Fortsetzung siehe 3. Umschlagseite)

*) Bestellungen auf solche Veröffentlichungen der math.-naturw. Klasse, welche früher im Verlag von Carl Winters Universitätsbuchhandlung in Heidelberg erschienen sind, nimmt auch der Verlag Walter de Gruyter & Co., Berlin, entgegen.

Sitzungsberichte
der Heidelberger Akademie der Wissenschaften
Mathematisch-naturwissenschaftliche Klasse
Jahrgang 1932. 5. Abhandlung

Notwendige und hinreichende Bedingungen für den Cauchy'schen Integralsatz ohne Benutzung von Differentialquotienten

Seinem lieben Freunde
OSKAR BOLZA
zum 75. Geburtstag am 12. Mai 1932
gewidmet von

Lothar Heffter
in Freiburg i. B.

(Eingelaufen den 1. Mai 1932)

Berlin und Leipzig 1932
Walter de Gruyter & Co.
vormals G. J. Göschen'sche Verlagshandlung / J. Guttentag, Verlagsbuchhandlung / Georg Reimer / Karl J. Trübner / Veit & Comp.

Archiv-Nr. 52 04 32
Druck von Walter de Gruyter & Co., Berlin W 10

In den Gött. Nachr. 1902 S. 131 ff. habe ich notwendige Bedingungen für den reellen Cauchyschen Integralsatz für ein achsenparalleles Rechteck R aufgestellt, die nicht nur von der Stetigkeit, sondern auch von der Existenz der Differentialquotienten der Integrandenfunktionen frei sind, den Beweis, daß diese Bedingungen auch hinreichend seien, aber nur kurz angedeutet. Die damaligen Untersuchungen möchte ich heute teils etwas modifizieren, teils erweitern, wobei sich wiederum die Doppelsummenmethode bewährt (vgl. a. a. O., sowie Math. Zeitschr. 32, 1930, und 34, 1931). Die reellen Funktionen $f(x, y)$ und $g(x, y)$ der reellen Variabeln x, y werden dabei in einem Gebiet G, dem das Rechteck R mit Einschluß seines Randes angehört, bei Aufsuchung der notwendigen Bedingungen nur als stetig in jeder der beiden Variabeln bei jedem Wert der andern, beim Beweis, daß diese Bedingungen auch hinreichend sind, sogar nur als integrabel in jeder der Variabeln vorausgesetzt, Voraussetzungen, die also natürlich erfüllt sind, wenn man von einer stetigen komplexen Funktion einer komplexen Variabeln z herkommt.

I. Die Bedingungen a) und b).

Gilt der Cauchysche Integralsatz

$$(1)\qquad \int_{[R]} [f(x, y)\,dx + g(x, y)\,dy] = 0$$

für jedes achsenparallele Rechteck $R \equiv [(a\alpha)(b\beta)]$, das ganz dem Gebiet G angehört, so ist also

$$(2)\qquad \int_a^b f(x, \alpha)\,dx + \int_\alpha^\beta g(b, y)\,dy + \int_b^a f(x, \beta)\,dx + \int_\beta^\alpha g(a, y)\,dy = 0$$

oder nach dem Satz vom Mittelwert der Integrandenfunktion

$$(3)\qquad \begin{aligned} &f(\xi_\alpha, \alpha)(b - a) + g(b, \eta_b)(\beta - \alpha) \\ &- f(\xi_\beta, \beta)(b - a) - g(a, \eta_a)(\beta - \alpha) = 0, \end{aligned}$$

wo ξ_α, ξ_β in dem x-Intervall (a, b), η_a, η_b in dem y-Intervall (α, β) vorhandene Werte sind. Also ist

$$(4) \qquad \frac{f(\xi_\alpha, \alpha) - f(\xi_\beta, \beta)}{\alpha - \beta} = \frac{g(a, \eta_a) - g(b, \eta_b)}{a - b}.$$

D. h. a) Auf dem Rande jedes Rechtecks R existieren vier Punkte, auf jeder Seite ein r, für die die Gleichheit der Differenzenquotienten (4) besteht.

Sind ferner $[(a\alpha)(b\beta)]$ und $[(b\alpha)(c\beta)]$ zwei Rechtecke, die beide noch ganz zum Gebiet G gehören und eine zur y-Achse parallele Seite gemein haben, so folgt aus der Bedeutung der Zwischenwerte ξ und η nach (3) und der entsprechenden Gleichung für das benachbarte Rechteck, daß

b) die beiden auf der gemeinsamen Seite liegenden Punkte miteinander identisch sind oder so gewählt werden können.

Diese beiden, aus dem Cauchyschen Satz gefolgerten, also notwendigen Bedingungen a) und b) sind aber auch hinreichend für ihn, wobei f und g nur integrabel in jeder der beiden Variabeln bei jedem Wert der andern zu sein brauchen.

Zum Beweis zerlegen wir die Seite $b - a$ des Rechtecks R durch die Teilpunkte $x_0 = a, x_1, x_2, \ldots, x_n = b$ und ebenso die Seite $\beta - \alpha$ durch die Teilpunkte $y_0 = \alpha, y_1, y_2, \ldots, y_n = \beta$ in n gleiche Teile, ziehen durch die Teilpunkte Parallele zur y-, bzw. x-Achse und haben so das Rechteck R in n^2 kongruente kleinere Rechtecke zerlegt. Nach Voraussetzung a) gibt es auf den Seiten des Rechtecks $[(x_\mu y_\nu)(x_{\mu+1} y_{\nu+1})]$ vier Punkte

$$\xi_{\mu,\nu}, y_\nu; \quad \xi_{\mu,\nu+1}, y_{\nu+1}; \quad x_\mu, \eta_{\mu,\nu}; \quad x_{\mu+1}, \eta_{\mu+1,\nu},$$

für die die der Gleichung (4) entsprechende Gleichung erfüllt ist. Nach Voraussetzung b) tritt jeder der vier Punkte auch in dem Nachbarrechteck auf, was durch die Bezeichnung ihrer Koordinaten schon ausgedrückt ist. Daher ist die Doppelsumme

$$(5) \quad \sum_{\mu,\nu} R_{\mu\nu} = \sum_{\mu,\nu} [f(\xi_{\mu,\nu}, y_\nu) - f(\xi_{\mu,\nu+1}, y_{\nu+1})](x_{\mu+1} - x_\mu) \\ - [g(x_\mu, \eta_{\mu,\nu}) - g(x_{\mu+1}, \eta_{\mu+1,\nu})](y_{\nu+1} - y_\nu) = 0, \\ (\mu, \nu = 0, 1, 2, \ldots, n-1)$$

weil jedes einzelne Glied der Summe $= 0$ ist. — Andererseits heben sich in der Summe alle auf die inneren Gitterlinien bezüglichen Glieder fort, und es ist

$$(6)\quad \sum_{\mu,\nu} R_{\mu\nu} = \sum_{\mu} [f(\xi_{\mu,0}, \alpha) - f(\xi_{\mu,n}, \beta)](x_{\mu+1} - x_\mu) - \sum [g(a, \eta_{0,\nu}) - g(b, \eta_{n,\nu})](y_{\nu+1} - y_\nu) = 0,$$

und daher auch

$$(7)\quad \lim_{n\to\infty} \sum_{\mu,\nu} R_{\mu\nu} = \int_{[R]} [f(x,y)dx + g(x,y)dy] = 0.$$

Die Voraussetzungen a) und b) sind also zusammen **notwendig und hinreichend** für den Cauchyschen Integralsatz.

II. Die Bedingungen c) und d).

Geht man wieder von der Gültigkeit des Cauchyschen Satzes, also von den Gleichungen (1) und (2) aus, so kann man — wie es schon Gött. Nachr. 1902 S. 131 f. geschehen ist — in (2) zunächst die beiden x-Integrale zusammenfassen, ebenso die beiden y-Integrale, und dann erst den Mittelwertsatz anwenden, um die Gleichung zu erhalten

$$(8)\quad [f(\xi, \alpha) - f(\xi, \beta)](b - a) - [g(a, \eta) - g(b, \eta)](\beta - \alpha) = 0,$$

wo ξ ein im Intervall (a, b), η ein im Intervall (α, β) vorhandener Wert ist, oder

$$(9)\quad \frac{f(\xi, \alpha) - f(\xi, \beta)}{\alpha - \beta} = \frac{g(a, \eta) - g(b, \eta)}{a - b}$$

D. h. c) In jedem Rechteck R existiert wenigstens ein Punkt ξ, η, für den die Gleichheit der Differenzenquotienten (9) gilt. Wir wollen einen solchen Punkt kurz einen „Nullpunkt des Rechtecks" nennen.

Wieder ziehen wir noch eine weitere Folgerung aus der vorausgesetzten Gültigkeit des Cauchyschen Satzes für zwei Rechtecke $[(a\alpha)(b\beta)]$ und $[(b\alpha)(c\beta)]$, die eine zur y-Achse parallele Seite gemein haben und sich zu dem Rechteck $[(a\alpha)(c\beta)]$ zusammensetzen. Bezeichnet man mit ξ_1, η_1; ξ_2, η_2; ξ, η je einen Nullpunkt des ersten, zweiten und zusammengesetzten Rechtecks, so ist infolge der Herkunft dieser drei Wertepaare aus den Integralen um die drei Rechtecke

$$(10)\quad [g(a, \eta) - g(c, \eta)] = [g(a - \eta_1) - g(b, \eta_1)] + [g(b, \eta_2) - g(c, \eta_2)].$$

D. h. d) Die g-Differenz für den Nullpunkt des zusammengesetzten Rechtecks ist gleich der Summe der g-Differenzen für die Nullpunkte der einzelnen Rechtecke.

Entsprechendes gilt für zwei Rechtecke, die eine zur x-Achse parallele Seite gemein haben. Natürlich ist dann die f-Differenz des ganzen Rechtecks gleich der Summe der f-Differenzen der einzelnen Rechtecke.

Auch die beiden nach Vorstehendem für den Cauchyschen Integralsatz notwendigen Bedingungen c) und d) erweisen sich als hinreichend [1]), wobei f und g wieder nur integrabel in jeder der beiden Variabeln bei jedem Wert der andern zu sein brauchen.

Wir teilen das Rechteck R wie in I, bezeichnen einen Nullpunkt des Teilrechtecks $[(x_\mu y_\nu)(x_{\mu+1} y_{\nu+1})]$ mit $\xi_{\mu\nu}, \eta_{\mu\nu}$ und bilden die Doppelsumme aus lauter Summanden, deren Wert nach c) gleich Null ist,

$$(11) \quad \sum_{\mu,\nu} R_{\mu\nu} \equiv \sum_{\mu,\nu} [f(\xi_{\mu\nu}, y_\nu) - f(\xi_{\mu\nu}, y_{\nu+1})](x_{\mu+1} - x_\mu) \\ - [g(x_\mu, \eta_{\mu\nu}) - g(x_{\mu+1}, \eta_{\mu\nu})](y_{\nu+1} - y_\nu) = 0.$$

Ist nun ξ_ν, η_ν ein Nullpunkt des Rechtecks $R_\nu \equiv [(ay_\nu)(by_{\nu+1})]$, so daß η_ν im Intervall $(y_\nu, y_{\nu+1})$ liegt, so folgt aus d)

$$(12) \quad g(a, \eta_\nu) - g(b, \eta_\nu) = \sum_\mu [g(x_\mu, \eta_{\mu\nu}) - g(x_{\mu+1}, \eta_{\mu\nu})],$$

also

$$(13) \quad \sum_\nu [g(a, \eta_\nu) - g(b, \eta_\nu)] = \sum_{\mu,\nu} [g(x_\mu, \eta_{\mu\nu}) - g(x_{\mu+1}, \eta_{\mu\nu})].$$

Ist andererseits ξ^μ, η^μ ein Nullpunkt des Rechtecks $R^\mu \equiv [(x_\mu, \alpha)(x_{\mu+1}, \beta)]$, so daß ξ^μ im Intervall $(x_\mu, x_{\mu+1})$ liegt, so ergibt sich entsprechend

$$(14) \quad \sum_\mu [f(\xi^\mu, \alpha) - f(\xi^\mu, \beta)] = \sum_{\mu,\nu} [f(\xi_{\mu\nu}, y_\nu) - f(\xi_{\mu\nu}, y_{\nu+1})].$$

Multipliziert man aber (14) mit $(x_{\mu+1} - x_\mu)$, (13) mit $(y_{\nu+1} - y_\nu)$ und subtrahiert die Gleichungen, so ist die rechte Seite nach (11) Null, also auch

---

[1]) In den Gött. Nachr. 1902 S. 135 f., wo übrigens die Funktionen $f(x, y)$ und $g(x, y)$ zweidimensional stetig in den Variabeln x, y vorausgesetzt waren, habe ich den Beweis, daß dann die jetzt mit c) bezeichnete Voraussetzung allein auch hinreichend sei, nur angedeutet. Indessen wäre zu einer genauen Durchführung des Beweises auf dem damals angedeuteten Wege eine Abschätzung nötig, die noch eine weitere Voraussetzung erfordern dürfte. Die Notwendigkeit solcher Abschätzung entfällt aber, wenn man zu c) noch die Voraussetzung d) hinzunimmt und damit jetzt einen andern Weg wie damals einschlägt.

$$(15)\qquad \sum_{\mu} [f(\xi^{\mu}, \alpha) - f(\xi^{\mu}, \beta)]\,(x_{\mu+1} - x_{\mu})$$
$$- \sum_{\nu} [g(a, \eta_{\nu}) - g(b, \eta_{\nu})]\,(y_{\nu+1} - y_{\nu}) = 0.$$

Da aber ξ^{μ} ein Wert im Intervall $(x_{\mu}, x_{\mu+1})$, η_{ν} ein Wert im Intervall $(y_{\nu}, y_{\nu+1})$ ist, so folgt aus (15) für $n \to \infty$

$$(16)\qquad \int_{[R]} [f(x, y)\,dx + g(x, y)\,dy] = 0.$$

Auch die Bedingungen c) und d) sind also zusammen **notwendig und hinreichend** für den Cauchyschen Integralsatz.

Freiburg i. B., 27. April 1932.

5. Baer, Reinhold. Über die Zerlegungen einer Mischgruppe nach einer Untermischgruppe. *Reichsmark 1.50*
6. Roeser, Ernst. Komplementäre Körper der beiden nichteuklidischen Geometrien. Reichsmark 1.—
7. Krull, Wolfgang. Primidealketten in allgemeinen Ringbereichen. Rm. 1.10
8. Salomon, Wilhelm. Geol. Beobachtungen des Leonardo da Vinci. Rm. 0.90
9. Liebmann, Heinrich. Die Sätze von Lie und Gambier über Kurven eines Linienkomplexes. Reichsmark 0.90
10. Merz, K. W. Über den Wirkungsantagonismus von Blutkörperchen und Serum bei chemisch faßbaren biologischen Vorgängen. Reichsmark 1.20
11. Mühlbach, R. Über Raumkurven in der Möbiusschen Geometrie. Rm. 1.20
12. Ernst, Paul. Wurzeln der Medizin. Reichsmark 1.50
13. Mayer, Adolf. Naturwissenschaftliche Apologetik des Christentums. Rm.1.60
14. Baer, Reinhold. Beiträge zur Galoisschen Theorie. Reichsmark 1.80
15. Salomon, Wilhelm. Neue geologische Beobachtungen im Baitonegebiet des Adamello. Reichsmark 0.90
16. Erdmannsdörffer, O. H. Über Disthen-Andalusitparagenesen. Rm. 1.20
17. Schneidt, Max. Kurvennetze ohne Umwege. Reichsmark 1.30
18. Bopp, K. J. H. Lamberts und A. G. Kaestners Briefe, aus den Gothaer Manuskripten herausgegeben. Reichsmark 2.20
19. Freudenberg, K. Zur Kenntnis des Fichtenholz-Lignins. Reichsmark 1.10

Jahrgang 1929. 1. Volk, Otto. Über Flächen mit geodätischen Dreiecksnetzen. Reichsmark 2.50
2. Schmidt, F. K., Krull, W., Breuer, S. Beiträge zur Algebra. Nr. 11—13. Reichsmark 1.80
3. Hieber, W. Zur Kenntnis der chemischen Reaktionen des Eisencarbonyls. Reichsmark 0.90
4. Salomon, Wilhelm. Gletscherbeobachtungen am Vadret Lischanna (Unterengadin). Reichsmark 1.—
5. Salomon, Wilhelm. Arktische Bodenformen in den Alpen. Reichsm. 2.50
6. Müller, Max. Über die Greensche Funktion des Laplaceschen Differentialausdruckes. Reichsmark 1.50
7. Rüger, L. Machairodus latidens Owen aus den altdiluvialen Sanden von Mauer a. d. Elsenz. Reichsmark 0.90
8. Lenard, P. Über Energie und Gravitation. Reichsmark 1.90
9. Deecke, W. Zur Entstehung der Kare. Reichsmark 0.80
10. Roeser, E. Neue Sätze über sphärische und hyperbolische Fünfecke. Reichsmark 1.—
11. Baldus, R. Über Eulers Dreieckssatz in der absoluten Geometrie. Rm. 1.—
12. Trautz, M. Die Reibung, Wärmeleitung und Diffusion in Gasmischungen. II. Reichsmark 2.80
13. Sander, B., u. Felkel, E. Zur tektonischen Analyse von Schmelztektoniten. Reichsmark 2.50
14. Scholz, Arnold. Beiträge zur Algebra. Nr. 14. Reichsmark 1.20
15. Baer, Reinhold. Beziehungen zwischen den Grundbegriffen der Topologie. Reichsmark 1.60
16. Herbst, Curt. Untersuchungen zur Bestimmung des Geschlechts. Weitere Experimente über die Vermännlichung indifferenter Bonellia-Larven durch künstliche Mittel. Reichsmark 3.—
17. Erdmannsdörffer, O. H. Über Alkalihornblenden aus dem Radautal. Reichsmark 0.80
18. Gruber, Friedrich. Neuer Beweis des Transversalensatzes in der absoluten Geometrie. Reichsmark 0.80
19. Rosenthal, A. Über die Existenz der Lösungen von Systemen gewöhnlicher Differentialgleichungen. Reichsmark 1.20

Jahrgang 1930. 1. Gottfried, C. Über kontaktmetamorphe Gesteine des Baitonegebietes in der Adamellogruppe (Italien). Reichsmark 1.—
2. Rüger, L. Über einen Granulit mit „Sekundärschieferung“ von Auerswalde i. S. Reichsmark 1.50
3. Beiträge zur Algebra Nr. 15—17: a) Kapferer, Heinr. Über Schnittpunktsysteme mit vorgeschriebenen Multiplizitätszahlen. b) Kapferer, Heinr.

Eine idealtheoretische Lösung des Cramerschen Paradoxons, die jeden singularen Fall umfaßt. c) SCHOLZ, ARNOLD. Über das Verhältnis von Idealklassen und Einheitengruppen in Abelschen Körpern von Primzahlpotenzgrad. Reichsmark 3.20

4. KINZL, HANS. Flußgeschichtliche und geomorphologische Untersuchungen über die Feldaistsenke im oberösterreichischen Mühlviertel und die angrenzenden Teile Südböhmens. Reichsmark 3.20
5. BALDUS, RICHARD. Zur Axiomatik der Geometrie III. Über das Archimedische und das Cantorsche Axiom. Reichsmark 0.80
6. SALOMON-CALVI, WILHELM. Epeirophorese. Teil I. Reichsmark 1.40
7. WELLSTEIN, JULIUS. Zur Klassifikation der regulären Scharen quadratischer Formen. Reichsmark 1.—
8. BETTMANN. Über Modellierungen des Gefäßendabschnittes. Reichsmark 2.—
9. ROESER, ERNST. Sphärische und hyperbolische Vielecke. Reichsmark 1.65
10. KAUFMANN, BORIS. Über die Ränderzuordnung bei topologischen Abbildungen in der Ebene und im Raume. Reichsmark 1.65
11. SCHEFFEN, WALTHER. Pseudopemphix Fritschii Wüst, Lithogaster tiefenbachensis Assm. und Pemphix Sueurii Desm. Reichsmark 3.20
12. VOELCKER, ILSE. Felis issiodorensis Croizet von Mauer a. d. E. Rm. 1.40
13. SALOMON-CALVI, WILHELM. Epeirophorese. Teil II. Geodätische Beweise. Reichsmark 1.—
14. FREUDENBERG, KARL. Kritik an der Berechnung des optischen Drehungsvermögens von Zuckern. Reichsmark 1.—
15. JÄNECKE, ERNST. Über das reguläre vierdimensionale Fünfzell. Rm. 3.—
16. BOEHM, KARL. Über lineare Differentialgleichungen mit konstanten Koeffizienten und einer Störungsfunktion. Reichsmark 1.80
17. KAMKE, E. Über die eindeutige Bestimmtheit der Integrale von Differentialgleichungen II. Reichsmark 1.70

Jahrgang 1931. 1. PFANNENSTIEHL, MAX. Die Fauna der Kirchberger Schichten von Lohn am Randen. Reichsmark 2.75

2. SALOMON-CALVI, WILH. Radium-reiche Erdölsolen und das Problem der Herkunft ihres Radiums. Reichsmark 2.—
3. VOELCKER, J. Hippopotamus amphibius von Mauer a. d. Elsenz. Rm. 1.60
4. ERDMANNSDÖRFFER, O. H. Über Zoisitoligoklaspegmatit und seine Beziehung zu anorthositischen Magmen. Reichsmark 1.85
5. SCHMIDT, ARNOLD. Die Stetigkeit in der absoluten Geometrie. Reichsmark 1.80
6. KAUFMANN, BORIS. Parameterkurven ohne Halbtangenten. Reichsmark 1.90
7. HELLPACH, WILLY. Dritte Mitteilung zur Statik und Dynamik der deutschen Stammesphysiognomie. Reichsmark 2.20
8. SALOMON-CALVI, WILH. Epeirophorese. Teil III. Die vordiluvialen Eiszeiten. A. Die Eiszeiten des Tertiärs und Mesozoikums. Reichsmark 3.—
9. FREUDENBERG, KARL. Bemerkungen zur Stereochemie. Mit einem Anhang: Synthesen von Derivaten aktiver Aminosäuren. Reichsmark 2.20
10. MEHMKE, R. Über ein Gegenstück zum Eulerschen Satz vom ebenen Dreieck und zu dessen Verwandten im Raum und in höheren Räumen in der hyperbolischen Geometrie. Reichsmark 1.65
11. WEILER, W. Revision der Fischfauna des Septarientones von Wiesloch bei Heidelberg. Reichsmark 2.20

Jahrgang 1932. 1. SÖLCH, JOHANN. Der Rückzug der letzten Vergletscherung. Eine vergleichende Betrachtung. Reichsmark 2.50

2. Beiträge zur Algebra Nr. 18—19. Vorgelegt von ALFRED LOEWY: a) BAER, R. und LEVI, F. Vollständige irreduzibele Systeme von Gruppenaxiomen. b) KRULL, WOLFGANG. Matrizen, Moduln und verallgemeinerte Abelsche Gruppen im Bereich der ganzen algebraischen Zahlen. Reichsmark 4.—
3. ROESER, ERNST. Über die nichteuklidischen regulären Polyeder. Reichsmark 2.—
4. CESAREC, R. Über die Berechnung von Orthogonen der hyperbolischen Ebene. Reichsmark 2.20
5. HEFFTER, LOTHAR. Notwendige und hinreichende Bedingungen für den Cauchy'schen Integralsatz ohne Benutzung von Differentialquotienten. Reichsmark 1.50

WALTER DE GRUYTER & CO., BERLIN W 10 UND LEIPZIG

MIX
Papier | Fördert
gute Waldnutzung
FSC® C083411

Zeitfracht Medien GmbH
Ferdinand-Jühlke-Straße 7
99095 Erfurt, Deutschland
produktsicherheit@kolibri360.de